自然灾害防范与自救知识系列丛书

台风灾害防范与自救手册

国家防汛抗旱总指挥部办公室　编

U0217311

中国水利水电出版社
www.waterpub.com.cn

内 容 提 要

　　本书针对社会公众，结合目前台风灾害的特点及危害，以图文结合、言简意赅的科普读物形式，重点介绍公众面对突然发生或即将发生的灾害所应了解的基本知识和应采取的防范及自我救助措施。内容包括：台风灾害基本知识；台风灾害社会防范知识；台风灾害个人防范及自救知识。

　　本书可用于向大众普及防灾自救知识，也可作为社会团体和基层组织学习灾害预防及自救的手册。

图书在版编目（CIP）数据

　　台风灾害防范与自救手册 / 国家防汛抗旱总指挥部办公室编. -- 北京 : 中国水利水电出版社，2013.5
（2018.1重印）
　　（自然灾害防范与自救知识系列丛书）
　　ISBN 978-7-5170-0882-8

　　Ⅰ. ①台… Ⅱ. ①国… Ⅲ. ①台风灾害－灾害防治－手册②台风灾害－自救互救－手册 Ⅳ. ①P425.6-62

　　中国版本图书馆CIP数据核字(2013)第103953号

书　　名	*自然灾害防范与自救知识系列丛书* **台风灾害防范与自救手册**	
作　　者	国家防汛抗旱总指挥部办公室　编	
出版发行	中国水利水电出版社 （北京市海淀区玉渊潭南路1号D座　100038） 网址：www.waterpub.com.cn E-mail：sales@waterpub.com.cn 电话：（010）68367658（营销中心）	
经　　售	北京科水图书销售中心（零售） 电话：（010）88383994、63202643、68545874 全国各地新华书店和相关出版物销售网点	
排　　版	北京时代澄宇科技有限公司	
印　　刷	天津嘉恒印务有限公司	
规　　格	145mm×210mm　32开本　3.25印张　57千字	
版　　次	2013年5月第1版　2018年1月第8次印刷	
印　　数	36001—40000册	
定　　价	15.00元	

自然灾害防范与自救知识系列丛书

编 委 会

主　　　任：张志彤

副 主 任：田以堂　邱瑞田　李坤刚　束庆鹏

委　　　员（以姓氏笔画排序）：

丁留谦　王国栋　王树山　王章立

向立云　朱　威　张长青　李开杰

杨大勇　胡亚林　梅　青

丛 书 主 编：张志彤

丛书副主编：王章立　刘金梅

插 图 绘 制：谢熠然

责 任 编 辑：李　亮　刘佳宜

各分册编写人员

《山洪灾害防范与自救手册》

主　编：王树山

副主编：王国栋　杨大勇

参　编：石海波　唐学哲　杨文涛　李延峰　张琦建
　　　　薛红勋　杨　平　刘金梅　王　为

《台风灾害防范与自救手册》

主　编：梅　青

副主编：金　科　张长青

参　编：徐木生　徐家贵　赵中伟　孙海涛　黄志兴
　　　　姜桂花　冯大蔚　李　鹏　刘金梅　许　静
　　　　王　为

《城市内涝灾害防范与自救手册》

主　编：姜晓明

副主编：朴希桐

参　编：向立云　万洪涛　何晓燕　刘　舒　任明磊
　　　　刘金梅　李俊凯　王　为

前言 PREFACE

近年来，我国洪涝灾害频繁发生，严重威胁广大群众生命财产安全。尽管多年来形成的防灾减灾体制机制发挥了重要作用，有效减轻了灾害损失，但是在应对和处置突发灾害过程中，也暴露出广大群众对洪涝灾害的认识不足、防范不到位和自救知识欠缺等问题。为提高广大群众防灾减灾意识和自救互救能力，国家防汛抗旱总指挥部办公室组织编写了"自然灾害防范与自救知识"系列丛书。该丛书包括《山洪灾害防范与自救手册》、《台风灾害防范与自救手册》和《城市内涝灾害防范与自救手册》三本分册，旨在用通俗易懂的文字，生动活泼的图片，将专业知识通俗化讲解，面向广大群众普及洪涝灾害基础知识，了解洪涝灾害防范措施，掌握自救互救知识和方法。

该丛书由国家防汛抗旱总指挥部办公室主任、教授级高工张志彤审定，教授级高工王章立统稿。《山洪灾害防范与自救手册》、《台风灾害防范与自救手册》和《城市内涝灾害防范与自救手册》分别由河南省防汛抗旱指挥部办公室、水利部太湖流域管理局防汛抗旱办公室、中国水利水电科学研究院防洪抗旱减灾研究所组织编写，国家防汛抗旱总指挥部办公室国家防汛抗旱督察专员、教授级高工田以堂、邱瑞田、李坤刚审核，北京、福建、湖南等省（直辖市）和流域机构防汛抗旱指挥部办公室给予了大力支持。在编写过程中赵春明、富曾慈、施志群、刘红伟、陈文平等专家、教授参与了审查和修改工作，提出了许多宝贵意见，在此一并表示衷心的感谢。

"自然灾害防范与自救知识"系列丛书的编写，集中了行业专家、一线人员的智慧，迎合了人民群众对防灾减灾知识的了解应用需求，符合了以人为本、关注民生的社会发展要求，期望她的出版能够为广大群众防灾减灾意识与自救能力的提高做出贡献。

编　者

2013年4月

目录 CONTENTS

第一章

台风灾害基本知识

第一节　认识台风

一、什么是风？

风是地球上的一种自然现象，它是由太阳辐射热引起的。太阳光照射地球表面，使地表温度升高，加热空气随之上升，这种空气的流动就产生了风。风以风向、风速或风力表示。根据风对地面物体吹动影响的程度，将风的大小分为 13 个等级，称为风力等级，简称风级。

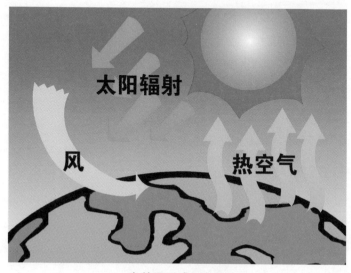

自然风形成示意图

风力等级表

风级	名称	风速		陆地地面物象	海面波浪
		米／秒	公里／小时		
0	无风	0.0～0.2	<1	静，烟直上	平静
1	软风	0.3～1.5	1～5	烟示风向	微波峰无飞沫
2	轻风	1.6～3.3	6～11	感觉有风	小波峰未破碎
3	微风	3.4～5.4	12～19	旌旗展开	小波峰顶破裂
4	和风	5.5～7.9	20～28	吹起尘土	小浪白沫波峰
5	清风	8.0～10.7	29～38	小树摇摆	中浪折沫峰群
6	强风	10.8～13.8	39～49	电线有声	大浪白沫离峰
7	劲风（疾风）	13.9～17.1	50～61	步行困难	破峰白沫成条
8	大风	17.2～20.7	62～74	折毁树枝	浪长高有浪花
9	烈风	20.8～24.4	75～88	小损房屋	浪峰倒卷
10	狂风	24.5～28.4	89～102	拔起树木	海浪翻滚咆哮
11	暴风	28.5～32.6	103～117	损毁重大	波峰全呈飞沫
12	台风（飓风）	>32.6	>117	摧毁极大	海浪滔天

二、什么是台风?

台风是一种特殊的风,它是在热带洋面上绕着自己的中心急速旋转同时又向前移动的空气大旋涡,好比在空气中移动的"陀螺"。

世界各地对台风的强弱划分和称呼各不相同。习惯上,把发生在西北太平洋和南海,中心附近最大风力达8级或8级以上的热带气旋称为台风。气象学上,把发生在西北太平洋洋面和南海上,中心附近最大风力达12级及以上的热带气旋称为台风;同等风力强度,发生在北太平洋东部和大西洋的称为飓风。

台风卫星云图

三、台风是怎么形成的？

　　热带的海洋是台风的发源地。在海洋洋面温度超过26℃的热带或副热带海洋上，由于近洋面气温高，局部聚积的湿热空气大规模膨胀上升至高空，导致近洋面气压降低，周围低压空气趁势向中心源源不断地补充流入，在受地球自转运动偏向力的作用下，流入的空气绕着自己的中心按逆时针急速旋转。当上升的空气变冷，水汽冷却凝成水滴释放热量，又助长了低层空气不断上升，使地面气压下降得更低，空气旋转得更加猛烈，形成了强烈的空气大漩涡，最后形成台风（热带气旋）。

热带地区形成的一种低压

不断旋转并伴随着大风和强降雨天气

台风形成过程

四、台风有怎样的结构?

台风是一个强大而深厚的气旋性旋涡,发展成熟的台风,其直径有几百公里甚至上千公里,垂直厚度一般达十余公里。按旋涡水平方向气流速度大小,台风通常可以分为台风中心、台风本体和台风外围 3 个区域。

● 台风中心:也称台风眼区

在卫星云图上,眼区表现为台风云团中心的一个孔,绝大多数呈圆形,也有椭圆形或不规则的,直径一般为5 ~ 30公里。眼区气压最低,气流以垂直下沉运动为主,一般晴空少云,风平浪静,台风气温愈到中心愈高。眼区外围的一圈环状云区称为云墙或眼壁,眼壁附近风速急剧增大,达到极大值。但不是所有台风都有明显的台风眼。

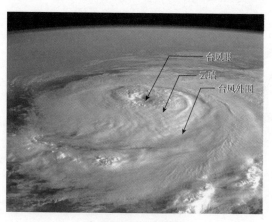

台风的组成示意图

● 台风本体：也称台风涡旋区、云墙区

自台风外围内缘到台风眼壁，直径约 200 ～ 400 公里，愈近中心风速愈大，是台风对流、风力、雨量以及破坏力最强烈的区域。

● 台风外围：也称大风区

自台风边缘到涡旋区外缘，半径约 200 ～ 300 公里，常伴有风雨。

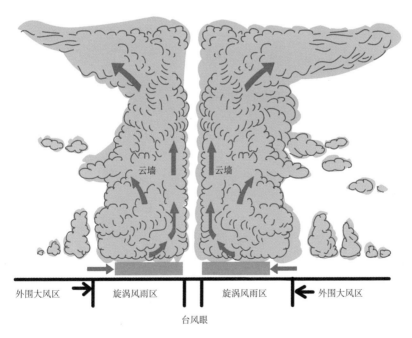

台风的纵剖面示意图

五、台风怎样划分等级?

国家标准《热带气旋等级》（GB/T 19201—2006）规定，热带气旋按其底层中心附近最大平均风速划分为热带低压、热带风暴、强热带风暴、台风、强台风、超强台风6个等级。

台风（热带气旋）等级表

台风种类	底层中心附近最大风力（级）	底层中心附近最大平均风速	
		米／秒	公里／小时
热带低压	6 ~ 7	10.8 ~ 17.1	39 ~ 61
热带风暴	8 ~ 9	17.2 ~ 24.4	62 ~ 88
强热带风暴	10 ~ 11	24.5 ~ 32.6	89 ~ 117
台风	12 ~ 13	32.7 ~ 41.4	118 ~ 149
强台风	14 ~ 15	41.5 ~ 50.9	150 ~ 183
超强台风	≥ 16	≥ 51.0	≥ 184

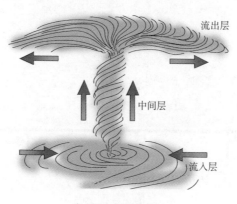

台风形成示意图

六、台风有什么特点？

● 西北太平洋和南海平均每年生成台风约 27 个，其中在我国登陆约 7 个，主要在我国华南和东南沿海登陆。

● 台风具有季节性，一般发生在夏秋之间，主要发生在 7 ~ 9 月。

● 台风一般经历 3 个阶段，即孕育发生阶段、发展成熟阶段和减弱消亡阶段。

● 台风发生常伴有大风、暴雨、巨浪和风暴潮。

● 台风破坏性强，损毁性严重，对不坚固的建筑物、架空的线路、树木、海上船只、海上网箱养鱼、海边农作物等破坏性很大；强台风发生时，人力不可抗拒，易造成人员伤亡。

● 台风在沿海登陆后，受到粗糙不平的地面摩擦影响，风力等级迅速降低，中心气压迅速升高，可能继续向内陆移动，造成暴雨洪灾。

● 台风的风向时有变化，登陆地点难以准确预报。

● 台风在北半球呈逆时针旋转，登陆时的风向一般先北后南。

七、台风的名字是怎么来的？

在台风命名的国际规则出台之前，有关国家和地区对同一台风的命名各不相同。为避免名称混乱，1997年11月在香港举行的世界气象组织（WMO）台风委员会第30次会议决定，从2000年1月1日起，对西北太平洋和南海的热带气旋，采用具有亚洲风格的名字统一命名。

每一个台风都有一个名字

　　台风命名分别由亚太地区的柬埔寨、中国、朝鲜、中国香港、日本、老挝、中国澳门、马来西亚、密克罗尼西亚、菲律宾、韩国、泰国、美国、越南等 14 个成员国和地区各提出 10 个名字，组成共有 140 个名字的命名表。命名表共分 10 组，每组 14 个名字。按每个成员国英文名称的字母顺序依次排列。一般情况下，台风命名会按照"命名表"，按顺序年复一年地循环重复使用。但遇到特殊情况，如当某个台风造成了特别重大的灾害或人员伤亡而声名狼藉，便从现行命名表中将这个名字删除，换以新名字，将这个名称永远命名给这个台风，比如 2004 年的"云娜"台风、2009 年的"莫拉克"台风等。

　　从 2000 年 1 月 1 日起，我国中央气象台发布热带气旋警报时，开始使用统一的热带气旋名字。

八、台风是怎么编号的？

我国从 1959 年起，开始对每年发生在西北太平洋和南海的近中心最大风力大于或等于 8 级的热带气旋（即热带风暴及以上），按其出现的先后顺序进行编号。编号由 4 位数码组成，前两位表示年份，后两位是当年风暴级以上热带气旋的序号。

如 2012 年 8 月发生的 11 号强台风"海葵"，其编号为 1211，这就是我们从广播、电视里听到或看到的"今年第 11 号台风（或热带风暴、强热带风暴）"，表示 2012 年出现的第 11 个风暴级以上的热带气旋。

当热带气旋减弱为热带低压时，则停止对其编号。

九、台风登陆是什么意思？

台风登陆是指台风中心已移动到陆地上，台风中心在什么地方登上陆地，就称台风在某地登陆。

台风登陆示意图

十、什么是台风路径?

从太空往下看,台风就像是一个正在旋转的"陀螺",这个虚拟"陀螺"尖顶移动的轨迹,就是台风路径。由于影响台风路径的因素很多,历史上还没有出现过相同路径的台风。其常见路径有以下几种。

● 西移路径

在菲律宾以东洋面生成,一直向偏西方向移动,或者发源于南海,朝西或西北向移动,一直到我国广东西部沿海、海南岛或越南一带登陆。经常发生在春季、秋季。

● 西北移路径

在菲律宾以东洋面生成,向西北方向移动,在台湾

台风西移路径

或福建、广东等一带沿海登陆。如果台风的起点纬度较高，就会穿过琉球群岛，在我国浙江、上海、江苏一带沿海登陆，甚至到达山东、辽宁一带。这类台风多见于7～9月。

● 转向路径

在菲律宾以东洋面生成，向西北方向移动的过程中，遇到西太平洋副热带高压或西风槽的阻挡，转向东北，向朝鲜半岛或日本方向移去。这类台风多发生于夏、秋季节。

● 特殊路径

台风在移动的过程中，所处的路径环境若受多个台风相互影响，或受外力作用的变化，台风的移动路径就会呈现圆弧运动或停滞、打转、左右摇摆。台风路径变得复杂、怪异，更难以预测。

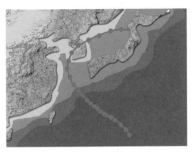

台风转向路径示意图

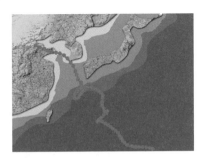

台风特殊路径示意图

第二节　台风的利弊

一、台风会带来什么危害?

台风突发性强、破坏力大，是世界上最严重的自然灾害之一。台风带来的危害主要由强风、暴雨和风暴潮3个因素引起。

● 强风。热带风暴风速一般在17米/秒以上，甚至高达60米/秒以上，对工农业生产、房屋建筑、航运交通、电力通信及公共设施等具有不同程度的影响及破坏。

台风带来强风

● 暴雨。台风常伴有暴雨、大暴雨，甚至特大暴雨，以及雷暴、局地龙卷风等强对流天气，极易引发江河洪水、城乡积涝、山洪泥石流、滑坡；以及水库、堰塘溢坝、垮坝，基础设施水毁等灾害。

● 风暴潮。当台风移向陆地时，受强风影响，海水向海岸方向强力堆积形成风暴潮，潮位猛涨，可能使沿海水位上升数米。风暴潮若与天文大潮相遇，则产生更高潮位，将有可能导致潮水漫溢、海堤溃决、冲毁房屋和各类设施、淹没农田等，造成重大经济损失和人员伤亡。风暴潮还会造成海岸侵蚀、海水倒灌导致土地盐渍化等灾害。

台风带来暴雨

二、台风有什么好处？

● 带来了丰沛的淡水资源。据统计分析，台风可给中国沿海地区带来约占该地区总降水量 1/4 以上的降雨，对增加这些地区的淡水资源，抗御干旱、改善生态环境具有十分重要的作用。

● 起到调温作用。地球靠近赤道的热带、亚热带地区，日照时间长，气温高，干热难忍，台风可以驱散这些地区的热量，调节地表温度。

● 保持热平衡。台风最高风速可达 200 公里/小时以上，巨大的能量将低纬度的热量和水汽带到中高纬度或沿海地区，使地球保持热平衡，使人们安居乐业，生生不息。

如果没有台风，本已严重的全球水荒就会更加严重，世界各地冷热会更不均匀，地球能量也将失去热平衡。

三、历史上的典型台风有哪些?

● "5612"号台风。1956年12号台风在马里亚纳群岛附近生成,8月1日24时左右在中国浙江省象山县南庄登陆,登陆时中心附近最大风速60～65米/秒,达到超强台风级别,浙江省市岭站过程降雨量达694毫米。8月3日之后,经河南、山西、陕西等省,减弱后的低压消失在陕西与内蒙古的交界处。"5612"号台风给中国10个省区带来了不同程度的灾害损失,造成约5000人遇难,损失巨大。

● "7503"号台风。1975年3号台风7月31日在太平洋上空形成,8月3日在中国台湾登陆,进入台湾海峡转向西北,8月4日在福建晋江登陆后继续向西越过江西,穿过湖南,5日在常德附近突然转向,北渡长江直入中原腹地,在河南境内造成历史罕见的"75.8"特大暴雨,8月5～7日3天降水量超过中国大陆历史记录,暴雨中心8月7日降雨量达1005.4毫米,其中6小时降雨830.1毫米,超过当时世界纪录。暴雨造成板桥水库等60余座水库垮坝,29个县、1700万亩农田被淹,1100万人受灾,超过2.6万人死亡,经济损失近百亿元。

● "9711"号台风。1997年11号台风8月13日在热带洋面上生成,向西偏北方向移动,18日21时30分在中国浙江温岭登陆,登陆时中心附近最大风速40米/秒。

登陆后经过上海、江苏、安徽、山东进入渤海，之后在辽宁营口再次登陆，并向东北地区移动。途经各省（直辖市）普降暴雨或大暴雨。台风登陆时正逢天文大潮，风、雨、潮"三碰头"，沿海潮位暴涨，加大了台风的危害程度。该台风导致上海潮位高度达到500年一遇，给途经各省（直辖市）造成直接经济损失达250亿元。

● "0608"号"桑美"台风。2006年8号"桑美"台风于8月5日晚在美国关岛东南方的西北太平洋洋面上生成，8月9日傍晚加强为超强台风，8月10日17时25分，在中国浙江省苍南县马站镇登陆。登陆时中心附近最大风力60米/秒，达到超强台风级别，是近50年来登陆中国大陆最强的台风。受"桑美"台风影响，浙江、福建、江西3省665.5万人受灾，死亡483人，直接经济损失达196.5亿元。

● "0908"号"莫拉克"台风。2009年8号"莫拉克"台风于8月7日23时45分在中国台湾花莲沿海登陆，8月9日17时30分在福建省霞浦县再次登陆。台风给台湾带来的特大暴雨刷新了历史纪录，造成了台湾50年来最严重的灾害损失，有673人死亡，26人失踪，农业损失约195亿元（新台币）。浙江、福建、江西、安徽、江苏、上海6省（直辖市）也发生了不同程度的灾情，并造成1157.45万人受灾，死亡12人，失踪2人，直接经济损失128.23亿元。

第三节　台风监测、预报及预警

一、台风是怎么监测和预报的?

加强对台风的监测和预报，是减轻台风灾害的重要措施。

对台风的监测主要是利用气象卫星。在卫星云图上，能清晰地看见台风的存在和大小。利用气象卫星资料，可以确定台风中心的位置、估计台风强度、监测台风移动方向和速度以及狂风暴雨出现的地区等，对防止和减轻台风灾害起着关键作用。当台风到达近海时，还可用雷达监测台风动向。

台风预报是气象工作者根据各种气象资料，分析预测台风的移动路径、登陆地点、强度和时间等，并通过电视、广播、网络等媒介，向社会公众及时发布台风实况信息以及预测预报信息。

通过卫星云图监测台风

二、台风有哪些预警信号?

气象部门根据台风发展情况,及时向社会发布台风预警。台风预警主要按照 2010 年中国气象局《中央气象台气象灾害预警发布办法》规定的标准发布,也有部分省区根据该办法规定,结合当地特点自定标准。根据台风可能造成的危害和紧急程度,将台风预警级别由高到低分为四级:

● 红色预警。预计未来 48 小时将有强台风(中心附近最大平均风力 14 ~ 15 级)、超强台风(中心附近最大平均风力 16 级及以上)登陆或影响我国沿海。

● 橙色预警。预计未来 48 小时将有台风(中心附近最大平均风力 12 ~ 13 级)登陆或影响我国沿海。

● 黄色预警。预计未来 48 小时将有强热带风暴(中心附近最大平均风力 10 ~ 11 级)登陆或影响我国沿海。

● 蓝色预警。预计未来 48 小时将有热带风暴(中心附近最大平均风力 8 ~ 9 级)登陆或影响我国沿海。

第四节　台风防范措施

一、台风防范的重点是什么？

台风是人力不可抗拒的自然灾害，在防范中应遵循以人为本、防避为主的指导思想，重点是确保人员生命安全，尽力减少财产损失。台风来临前，要突出一个"防"字，要积极做好防范的各项准备，提前转移危险区人员；在台风来临时，要突出一个"避"字，要避开风雨洪涝，及时撤离危险区人员，尽量减少损失。

台风来临时，要及时撤离危险区人员

二、台风防范有哪些措施？

台风防范主要依靠工程措施和非工程措施。工程措施主要有江河堤防、海堤、防洪挡潮闸、水库、排涝泵站、避风港以及避风场所的建设等；非工程措施主要有防台风组织指挥、防台风预案、防台风责任制、监测预报预警，以及防台风抢险队伍、物资以及培训演练等。

防台风工程措施（堤防、闸等）

防台风培训演练

第二章

台风灾害社会防范知识

第一节 防台风组织体系

一、各级政府防台风机构是怎么组成的?

台风灾害防御由各级政府防汛指挥机构统一组织指挥,实行各级人民政府行政首长负责制,统一指挥、分级分部门负责。

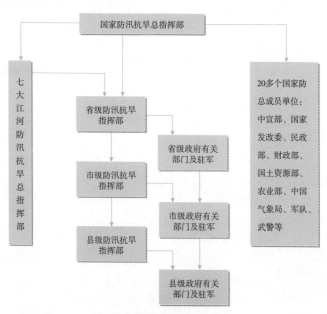

防汛抗旱指挥体系示意图

国务院设立国家防汛指挥机构，由国务院有关部委、中央军委总参谋部、武警部队负责人等组成，负责领导、组织全国的防汛防台风工作，其办事机构设在水利部。

长江、黄河、淮河、海河、珠江、松花江辽河、太湖等7个国家重要河湖设立流域防汛指挥机构，由流域内有关省（自治区、直辖市）人民政府、水利部流域管理机构负责人等组成，在国家防汛抗旱总指挥部领导下，指挥流域内的防汛防台风工作，其办事机构设在相应流域管理机构。

县级以上地方人民政府设立防汛指挥机构，由有关部门和单位、当地驻军、武警部队负责人等组成，在上级防汛指挥机构和本级人民政府领导下，指挥本地区的防汛防台风工作，其办事机构设在各级水利部门。

二、防台风指挥机构主要有哪些职责？

（1）贯彻执行防台风工作有关方针、政策、法规、法令。

（2）严格实行防台风工作行政首长负责制，层层落实防台责任制。

（3）组织制定防台风预案并监督执行。

（4）组织开展防台风准备和检查工作；负责储备防台风抢险救灾物资、组织抢险队伍。

（5）密切关注台风动态，及时发布台风实时信息和台风预警，落实防台措施，组织抢险救灾。

（6）负责灾情统计、核实和上报。

（7）开展防台风宣传教育、培训和演练。

三、基层怎么组织防台风工作？

县级以下组建以街道（乡镇）为单位，以社区（行政村）为单元，以居民区、自然村、学校、机关、企事业单位、水利工程、山洪与地质灾害易发区、海上渔排船只等责任区为网格的基层防汛防台风组织，在当地防汛防台风指挥机构统一指挥下，制定并落实防汛防台风责任制、应急预案以及预警避险、应急救援等防台风措施，做好台风防范工作。

第二节　社会防范措施

一、基本要求

● 汛期，各级政府防汛防台风部门以及有防台风任务的部门、单位应实行 24 小时值班制，密切关注台风信息，及时了解、掌握台风生成、发展动向。

● 各级政府防汛防台风部门以及有防台风任务的部门、单位应因地制宜编制本地区、本部门单位的防台风预案以及山洪地质灾害防御、抢险与应急救援等专项应急预案，明确防台风责任、措施等。

● 防汛、气象等部门应及时通过广播、电视、报纸、短信、网络等媒介，向社会公众发布台风动态信息以及台风预警。

● 各级政府防汛防台风部门以及有防台风任务的部门、单位应落实防台风责任，开展防台风检查，按照防台风预案落实防台风措施。遇台风来临，应组织做好人员、物资转移以及船只避风等工作。

● 社会公众应树立防台风意识，遵守防台风纪律，服从组织指挥。

● 台风预警解除后，关注"暴雨预警"，"地质灾害预警信息"，预防次生灾害发生。

二、渔港码头

● 发布台风蓝色预警后，应对港区设备、动力、电源及线路、照明、仓库、交通设施、露天物资、宣传标牌等进行全面检查与加固，降低或固定起吊设备，切断室外危险电源。

台风蓝色预警发布，检查港区并加固设施

● 发布台风黄色预警后，应固定港内船舶，防止船舶走船、走锚、搁浅和碰撞。加固或者拆除易被风吹动的搭建物，停止室外作业，人员切勿随意外出。

● 发布台风橙色预警后，应加强港区检查，关闭挡潮闸，封闭港区，停工停产，确保人员转移到安全区域。注意防范风暴潮可能引发的自然灾害。

台风黄色预警发布，加固渔船

三、出海船只

● 关注天气预报，定时向亲属、单位通报信息。

● 台风来临前，出海船舶应听从指挥，停止海上作业，及时回港避风。

● 船舶在避风港内，服从港区调度，固定船舶。船上人员全部上岸，确有必要留守的，必须落实安全保障措施并向有关部门备案。

● 海上渔船遇险时，应当立即发出求救信号，并将出事时间、地点、海况、受损情况、救助要求、联系方式以及事故发生的原因向渔业行政主管部门和海事机构报告，并采取一切有效措施组织自救。

台风来临前，渔船回港避风

四、无动力船只

　　发布台风预警后，及时采取增添缆绳、加强锚固等措施，海上无动力船只应按照当地防台风指挥机构的要求，及时进港避风，做好防台风准备。紧急情况下，可采取船身挖洞、开启海底阀自沉等措施，避免船只在强风作用下失控。遇险时，应立即发出求救信号。

接到台风预警，海上人员及时转移

五、商业活动

● 发布台风蓝色预警后，应加固门窗、围板、棚架、广告牌、霓虹灯、店招牌、室外空调机等易被风吹动的搭建物，必要时予以拆除；停止露天集体活动、停止高空等户外危险作业，切断危险的室外电源。

台风蓝色预警发布，加固室外空调机等高空物体

●发布台风黄色预警后，应停止室内外大型集会，加强对已开展工作的检查，及时发现隐患，确保各项措施落实到位。

●发布台风橙色预警后，应停止集会，必要时应停业（除特殊行业外），确保人员转移到安全区域。

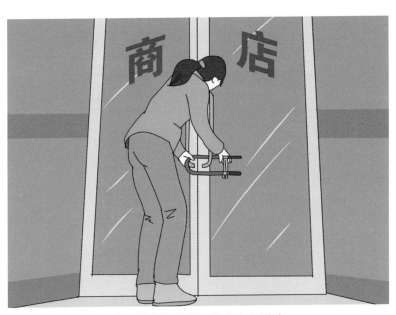

台风橙色预警后，停止商业活动

六、公园、绿化部门

● 发布台风蓝色预警后，应开展防台风安全检查，对园内外建筑物、游乐设施、指示标牌、易倒树木等，采取绑扎、加固等保护措施，防止倾倒伤人，或者影响交通。动物园对园内所有动物笼舍进行全面检查，加固存在安全隐患的笼舍。

台风蓝色预警发布，加固树木，加固笼舍（一）

台风蓝色预警发布，加固树木，加固笼舍（二）

● 发布台风黄色预警后，应停止公园内一切游乐活动，固定游船，动物进笼。园内人员做好转移准备。

● 发布台风橙色预警后，所有人员应转移至安全区。

台风影响
闭园抢险

台风黄色预警发布，停止公园内一切游乐活动

七、旅游景点

● 台风来临前，对景区内外建筑物、缆道、照明线路、商业网点、宣传广告牌、指示标牌等进行检查并采取必要的加固措施。划定安全区域、危险区域和禁游区域，并设立显著标志告知。

● 发布台风蓝色预警后，应停止景区内高空游览、观光活动。

● 发布台风黄色预警后，应停止景区内水（海）上娱乐活动，水（海）上游乐设施上岸固定。转移危险区域人员至安全区域。

● 发布台风橙色预警后，旅游景点应停止营业，景区内人员全部转移至安全区域。

● 注意防范强降水可能引发的山洪、地质灾害。

台风黄色预警发布，停止水（海）上娱乐

八、学校

● 设置防御台风常识教育课，学习防御台风基本知识，发动学生当好防御台风知识宣传员。

● 发布台风蓝色预警后，应停止露天集体活动，加固门窗、宣传牌等易被风吹动的搭建物，切断危险的室外电源。

● 发布台风黄色预警后，应停止室内外大型集会，师生人员切勿随意外出，确保滞留在安全区域。

学校平时应加强宣传教育

● 发布台风橙色预警后，学校可停课，确保留校师生人员滞留在安全区域。

● 注意防范强降水可能引发的山洪、地质灾害。

台风橙色预警发布可放假停课

九、工矿企业

● 企业法人对本企业的防汛防台风工作负总责。按防汛条例要求，企业应建立防汛防台风组织机构、明确工作职责、编制抢险预案、成立抢险队伍、储备防汛防台风物资与器材。

● 建立值班制度，密切关注天气预报，及时掌握台风动向。

企业法人对本企业的防汛防台风工作负总责

● 发布台风蓝色预警后，部署防台风工作，落实防台风责任，应对厂房、设备、动力、电源及线路、照明、防水与排水设施、仓库、交通设施、露天物资、宣传标牌等进行全面检查与加固。原材料、半成产品、产品转移到安全区域或保护加固。有毒有害物资必须储放在不受洪、涝威胁的安全地带，严防泄漏。切断危险的室外电源。

● 发布台风黄色预警后，应停止室外作业，加固或者拆除易被风吹动的搭建物，人员切勿随意外出，并做好转移准备。

● 发布台风橙色预警后，应停工停产（除特殊行业外），确保人员全部转移到安全区域。

● 注意防范强降水可能引发的山洪、地质灾害。

十、建筑工地

● 建立防台风抢险组织，落实防台风责任和工作制度，编制防台风抢险预案，成立抢险救灾应急队伍。

● 建立值班制度，密切关注天气预报，及时掌握台风动向。

台风蓝色预警发布，加固或拆除搭建物，必要时停工停产

● 发布台风蓝色预警后，应对各类脚手架、塔吊、施工电梯、桩机、临时工棚、活动板房、施工围墙、宣传标牌等进行彻底检查和加固，特别是石棉瓦工棚的加固；对在建工程进行加固处理；疏通工地排水通道，备足抽排水设备。

● 发布台风黄色预警后，应停止室外高空施工作业，施工人员转移到安全地带；做好水泥等易受潮建筑物料的防水准备；临时施工用电要拉闸断电；做好人员转移准备。

● 发布台风橙色预警后，应根据主管部门意见和工程特点，停止施工作业并拉闸断电，施工人员全部转移至安全区域。

● 注意防范强降水可能引发的山洪、地质灾害。

十一、地下公共设施

● 发布台风蓝色预警后，管理部门应对地下公共设施内消防、动力及照明、通信、排水系统等设施设备进行全面检查和试运行，尤其是排水通道应保持通畅。应配备足够的排水或挡水器材，做好排水和挡水准备。

● 发布台风黄色预警后，应切断危险电源，视情况采取必要的排水与挡水措施。若预报有强降雨，可能威胁地下空间安全时，应及时将地下空间的重要物资、车辆等转移至安全区域。

● 发布台风橙色预警后，进一步加强地下公共设施管理，禁止无关人员进入地下空间。

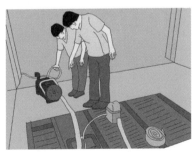

台风黄色预警发布，及时采取挡水与排水措施

十二、农业生产

● 发布台风蓝色预警后，应做好田间清沟理渠，抢收成熟的农作物，对易倒作物要进行保护。加固果树、棚架、栏舍、围墙，必要时揭膜保棚，切断危险的室外电源。

● 发布台风黄色预警后，应停止田间作业，做好人员转移准备。

● 发布台风橙色预警后，人员应转移到安全区域。

● 注意防范强降水可能引发的山洪、地质灾害。

台风蓝色预警发布，做好农作物大棚加固

十三、山洪灾害危险区

● 台风期间，山洪灾害危险区内各级防汛防台风管理机构，应按各自责任区的划分，负责区内的安全监管。在山洪灾害危险区、易发区要设置固定警示标牌，要充分发挥县级山洪灾害防治监测预警平台的作用。

● 发布台风蓝色预警后，防汛指挥机构应及时将天气预报和水雨情预警信息逐级传递到山洪灾害易发区的基层各级防汛防台风机构、责任人以及单位、人员。

● 发布台风黄色预警后，应按照预案和"不漏一处、不存死角"的要求，逐步组织群众转移和安置。

● 发布台风橙色预警后，应对该地区采取紧急疏散和保护措施，确保全部人员转移到安全区域。

● 对已发生山洪或地质灾害的地区以及乡村公路因灾中断等危险区域，设置警示标牌，并组织人员监管。加强后期山洪与地质灾害的观察与预防。

台风黄色预警发布，及时组织群众转移和安置

十四、城市排涝

● 加强历时短、强度高的突发性暴雨的预测预报预警，必要时预降市内河道水位。

● 完善城市防洪排涝应急预案，确保排涝设施完整、完好、运行可靠。

● 落实低洼易涝地区排水以及地下公共空间和立交桥等易积水点的应急管制措施，确保排水通畅、地下公共空间和立交桥等易积水点的安全。

● 发现险情，及时组织力量抢险、排险。

城市易涝地点及时排水

十五、水利工程

● 台风来临前，应对堤防、水库、水闸等各类水利工程设施进行全面安全检查，对存在的问题及时进行整改。对存在安全隐患的水利工程，及时进行加固处置并制定应急度汛方案和抢险预案。

● 发布台风预警后，加强值班值守，严密监视天气变化，强化工程巡查和工程运行调度，加固或拆除易被风吹动的搭建物，停止高空作业，切断室外危险电源，做好应对突发事件的各项准备。

● 发布台风预警后，对在建水利工程工地的机械设备、电源电线、通信线路、运输工具、建筑材料、仓库、生产生活用房等进行全面检查与加固，做好物资设备和人员转移准备。必要时，应停止施工作业，组织转移至安全区域。

台风来临前，及时开展巡堤查险

十六、电力设施

● 发布台风预警后，应加强值班，抢修人员整装待命，随时做好应急抢修准备。

● 对重要设备进行专项检查，做好变电所内设备的防风、防水工作，并加大对变电所周边临时建筑物等危险因素的排查力度。

● 对输电线路通道进行清理，砍伐、修剪可能影响线路安全运行的树木等，尤要加强对重要输供电工程的巡查，及时消除安全隐患。

清除输电线路附近障碍物

十七、通信设施

● 及时检查通信设施设备，保障防台风工作信息畅通。

● 利用公共短信平台，及时为社会公众发布公益短信告知台风动态及防台注意事项等。

● 当通信设施遭到破坏而造成较大面积通信阻断时，及时启用机动应急通信系统，作为公众通信网的延伸和补充手段。

检查输电线路

第三节　灾后恢复的主要工作

● 各级地方政府、各部门要迅速深入灾区一线，调查灾情，提出灾后恢复措施，千方百计帮助受灾群众度过生活生产难关。

● 抓紧恢复城乡供排水工程，及时抢修电力和通信设施，检测维护燃气供应管网，疏通各类交通通道，维护广播电视传输网络，尽快恢复与人民群众生产生活息息相关的基础设施功能。

维修损坏的房屋、棚舍等

● 加快田间排水，减轻涝灾损失，采取各种农业生产措施，恢复生产，保障市场供给。

● 切实做好灾区社会治安综合治理，严厉打击趁火打劫、偷盗破坏抢险救灾物资设备以及造谣惑众、哄抬物价、欺行霸市等违法犯罪行为。

● 必要时，发动社会力量，广泛开展救灾济困捐赠慈善活动。

恢复农业生产

第三章

台风灾害个人防范及自救知识

第一节　基本防范要求

● 注意收听、收看媒体天气预报，或通过"96121"气象咨询电话、气象网站等了解台风信息，掌握台风动向。

● 识别台风预警，掌握各级预警的含义与基本防御要求。

● 了解与掌握所在地区防台预案的基本要领。沿海、山区、危房及低洼地带等危险区人员要熟悉人员转移避险路线及安全区的位置。

关注天气预报

● 储备不易腐烂变质的食品、饮用水、手电筒、蜡烛。准备好转移时的基本生活用品和常用药品。

● 增强防台风意识，遵守防台风纪律，服从组织指挥。

● 当台风中心经过时，风力会减小或者静止一段时间，此时切记强风将会再次袭击，台风预警未解除，应当继续留在安全区域。

储备不易变质的食品、饮用水、手电筒、蜡烛等

第二节　不同场所人员注意事项

一、居家人员

● 发布台风蓝色预警后，在家人员应将露于阳台、窗外的悬挂物、花盆等物品移入室内，检查门窗是否坚固，随时关好门窗；检查室外空调、太阳能热水器是否安全，及时加固；检查电路、炉火、煤气等设施是否安全。

把阳台上的花盆、悬挂物等移到室内，防止跌落

● 台风期间，尽量减少外出与室外活动，不要将小孩独自留在家里；遇到雷雨天气，尽量减少电器使用。

● 接到转移通知时，应服从转移调度指令，及时携带日常生活必需用品，安全转移。

● 在安全场所应服从安排，不要大声喧嚷，保持环境卫生，注意安全。

关好门窗，检查门窗、空调、太阳能热水器等

尽量减少电器使用

二、外出人员

● 台风期间，必须外出的人员应着装醒目、弯腰慢步在较空旷的道路上行走，随时注意高处坠落物体。

● 顺风时，切记不能跑步行走；行走到拐弯处，应停步观察，避免被飞来物击伤；经过狭窄的桥或高处时，最好伏下身爬行，以防刮倒或落水。

行走到拐弯处，应停步观察避免被飞来物击伤

● 尽量避免在靠河、靠湖、靠海的路堤和桥上行走。若遇洪水，必须往高的地方走，不要强行通过洪水淹没的道路或者桥梁。

● 避风避雨时要选择安全地带，千万不要在危旧住房、工棚、临时建筑、脚手架、电线杆、树木、广告牌、铁塔等危险地带避风避雨，防止倾倒压伤或触电。

不要在树木下避雨，寻找安全地带避雨

三、驾车人员

● 台风期间，不要轻易驾车外出。必须外出时，尽量避免在强风影响区域行驶。驾驶车辆要减速慢行，保持车距。行驶途中遇强风侵袭时，根据风向妥善停靠路边，防止侧风刮翻车辆。

● 车辆停放时，应停放在室内停车场，或地势较高、地形空旷处，不要紧靠广告牌、临时建筑或大树。

减少外出，妥善停放车辆，防止侧风刮翻车辆

● 注意收听交通路况信息，主动绕开积水低洼路段，不要试图穿越被积水淹没的路段。在积水区行驶时，应用低速挡，尽可能不停车不换挡。不要贸然穿越地质灾害易发地段，不要轻易穿越积水较深的地道桥、路面。

● 汽车一旦遭遇险情，应该马上打开车锁，随时准备下车，或者马上在路边停靠，到室内躲避。当车在涉水过程中熄火，切忌重新启动发动机，同时应立即下车，转移至安全地带。

● 服从交警、交通部门对道路、车辆的监管。当需要汽车运输抢险人员和物资时，应积极配合。

积水区行驶应低挡、不换挡通过

四、海上人员

● 得知台风将影响本地区的消息后，不要轻易出海。

● 海上渔排、船只以及海上作业的其他人员，接到台风预警后，应按要求及时转移至安全区域或进入避风港避风，千万不可有侥幸心理。万一躲避不及或遇上台风时，应及时与岸上有关部门联系，争取救援。

● 在等待救援时，应主动采取应急措施，躲避至相对安全的地方。如处于台风边缘，应迅速果断离开台风影响区域。

● 海上遇险船只上作业人员可利用配备的信标机、无线电通讯机、卫星电话等设备，向过往船舶、飞机，或较近的陆地发出求救信号。

● 没有无线电通讯设备时，利用物件及时发出易被察觉的求救信号，如堆"SOS"字样，放烟火，发出光信号、声信号，摇动色彩鲜艳的物品等求救信号，向过往船舶、飞机，或较近的陆地求救。

案例： 2006年"桑美"台风登陆前，渔船已全部回到避风港避风，但部分渔民滞留在福建沙埕港内的渔船上，未转移至安全地带。由于"桑美"在登陆时达到超强台风级别，并且在登陆时贯穿沙埕港，最终导致渔船倾覆，人员伤亡惨重。

五、旅游人员

● 台风季节，不要去尚未开发的景点旅游，不要去台风正在经过的地区旅游，更不要在台风影响期间到海滩游泳、海边观潮或驾船出海。

● 台风来临时，正在旅游景区的旅客，要听从景区管理人员的安排，必要时停止一切户外活动，在室内休息，不要随意外出；遇危险时，要及时与有关部门和人员联系，争取救援。

台风来临时，听从景区统一安排

● 台风季节，在农家乐休闲旅游的旅客要密切关注台风发生发展动向，注意农家乐所处的地形位置，如处于溪河低洼沿岸或山丘脚下，必须提高警惕。遇台风暴雨来临，要听从当地乡村防汛人员指挥，或主动及早转移至安全区域。

● 要警惕台风暴雨带来的山体滑坡、泥石流灾害，如偶遇，要向泥石流的两侧避开。

听到广播或看到信息后，主动及早转移

案例： 2010 年"鲇鱼"台风影响台湾期间，数辆旅游大巴在行驶途中遇险，造成人员伤亡。

六、山洪灾害易发区人员

● 发布台风蓝色预警后，应安排专人值班，密切关注台风动向，加强当地降雨及山洪情况观察，及时疏通房前屋后排水沟渠，随时做好转移准备。

● 发布台风黄色预警后，危房人员应转移至安全区域。

● 发布台风橙色预警后，山洪灾害易发区人员应全部转移至安全区域。

● 在山洪灾害易发区活动的人员应注意下面几点：

台风蓝色预警发布，及时疏通房前屋后排水沟渠

（1）沿山谷徒步时，一旦遭遇大雨，不要沿着洪道方向跑，要迅速转移到附近安全的高地，离山谷越远越好，不要在谷底停留。

（2）注意观察周围环境，特别留意是否听到远处山谷传来打雷般声响，如听到要高度警惕，这很可能是泥石流将至的征兆。

（3）要选择平整的高地作为营地，尽可能避开有滚石和大量堆积物的山坡下面，不要在山谷和河沟底部扎营。

（4）遭遇山洪灾害时，应迅速向沟岸两侧山坡跑，不要顺泥石流沟向上游或向下游跑，且不要停留在凹坡处。

山洪暴发时，应快速向两侧高处躲避

案例： 2009 年"莫拉克"台风影响台湾期间，高雄县多个村庄被泥石流掩埋，造成重大人员伤亡。

七、低洼易涝地区人员

● 发布台风蓝色预警后，可事先备好挡水板、沙袋或砌围墙，有条件的可配备小型抽水泵，以便挡水或排水。一楼或底层住户（商店）转移或抬高屋内易受水浸泡损坏的家用电器、物品及商品。

● 发布台风橙色预警后，危房人员应转移至安全区域，离开前，应切断煤气和电源。

台风蓝色预警发布，备好挡水板、沙袋或砌围墙

一楼或底层住户（商店）转移或抬高屋内物品

第三节　常见救助知识

一、发现人员被埋怎么办?

● 原则:先救多、后救少;先救近,后救远;先救易,后救难。要注意抢救青壮年和医务工作者,壮大抢险力量,最大限度地减少伤亡。

● 先抢救困于建筑物边缘废墟、房屋底层或未完全遭到破坏的地下室中的人员。

● 要耐心观察,特别要留心倒塌物堆成的"安全三角区"。仔细倾听各种呼救的声音,如敲打、呼喊、呻吟等。

先抢救困于建筑物边缘废墟中的人员

● 要多问，了解倒塌房屋居住者的起居习惯、房屋布局等情况，推测哪里可能有人被埋压。

● 发现遇险者，一定要注意：挖掘时，要注意保持被埋者周围的支撑物，使用小型轻便的工具，接近时采用手工小心挖掘；如一时无法救出，可以先输送流质食物，并做好标记，等待下一步救援；发现被困者后，首先应帮他露出头部，迅速清除口腔和鼻腔里的灰土，避免窒息，然后再挖掘暴露其胸腹部。如果遇险者因伤不能自行出来，绝不可强拉硬拖。

抢救被压人员，先帮他露出头部，清除口、鼻里灰土，再挖掘暴露其胸腹部

二、发现人员受伤怎么办？

● 发现伤员，应使伤员平卧，立即清除口、鼻、咽喉内的泥土及痰、血等，排除体内的污水。

● 对昏迷的伤员，应将其平躺，头后仰，将舌头牵出，尽量保持呼吸道的畅通。

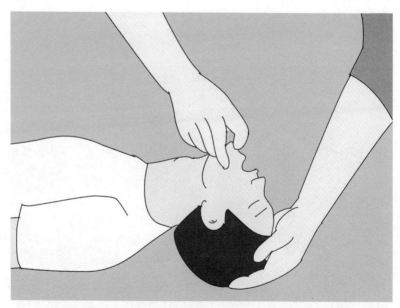

使伤员平卧，立即清除口、鼻、咽喉内的泥土及痰、血等

● 搬运伤员要平稳，避免颠簸和扭曲。有条件时及早输血、输液。

● 如有外伤应采取止血、包扎、固定等方法处理，防止感染，然后转送急救站。

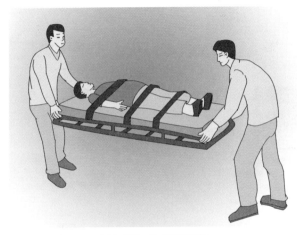

担架搬运伤员要平稳

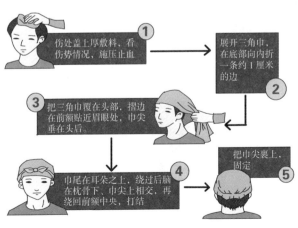

① 伤处盖上厚敷料，看伤势情况，施压止血

② 展开三角巾，在底部向内折一条约1厘米的边

③ 把三角巾覆在头部，摺边在前额贴近眉眼处，巾尖垂在头后

④ 巾尾在耳朵之上，绕过后脑在枕骨下、巾尖上相交，再绕回前额中央，打结

⑤ 把巾尖裹上，固定

头部伤口三角巾包扎

● 遇呼吸停止者，实施人工呼吸施救。遇心跳停止者，实行胸外心脏按压。

①

使晕迷者仰卧，解开衣领，放松腰带。

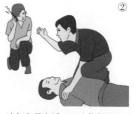

②

一边打急救电话，一边作紧急处理。

③

让晕迷者头后仰，并清除口内异物

④

听此时是否有呼吸。

⑤

托起下颌，捏紧鼻孔，对口用力吹气。

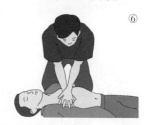

⑥

双手交叉放在胸口掌根贴紧胸肋，连续压挤。

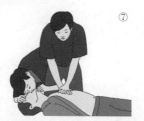

⑦

连续重复步骤⑤⑥，人工恢复晕迷者的呼吸。

人工呼吸步骤

● 对骨折的伤员，应进行临时的固定，如没有夹板，可用木棍、树枝代替。固定要领是尽量减少对伤员的搬动，肢体与夹板间要垫平，夹板长度要超过上下两关节，并固定绑好，留指尖或趾尖暴露在外。

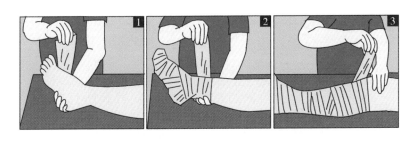

三、怎样救助被洪水围困的人群？

● 任何人接到被围困的人发出的求助信号时，要以最快的方式和速度传递求救信息，报告当地政府和附近群众，并直接投入解救行动。

● 当地政府和基层组织接到报警后，应在最短的时间内组织带领抢险队伍赶赴现场，充分利用各种救援手段全力救出被困群众。

● 行动中还要不断做好受困人群的情绪稳定工作，防止发生新的意外发生，特别要注意防备在解救和转送途中有人重新落水，确保全部人员安全脱险。

● 仔细做好脱险人员的临时生活安置和医疗救护等保障工作。

采用多种方式救助被洪水围困人员

四、发现电力设备受损怎么办?

● 如果看到裸露的电线或电火花，或闻到焦煳的气味，应立即关闭主电路上的电闸，并向电工咨询。

● 当发现户外高压线路倾斜或短路出现火花时，应立即拨打电话将事故地点报告电力部门，还要在附近竖立明显的标志牌，以免人员进入触电。

● 外出时，发现有电线断裂，应一面拨打抢修电话，一面防护，提醒路人及时避开。

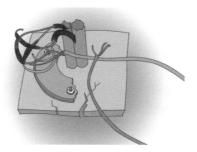

发现电线外露

及时设立警示标志

五、船只失事怎么办？

● 在船员的指挥下，穿上救生衣，按先老弱病残和妇女儿童的顺序上救生船，避免混乱和发生意外事故。

● 跳水时不要争先恐后，合适的时机是既不被别人跳下时砸到，也不要砸到别人。

● 选择在船的上风舷，即迎着风向跳水，以免下水后遭随风漂移船只的撞击。当船左右倾斜时，应从船首或船尾跳下。

● 跳水前要注意寻找漂浮物，跳水后游向漂浮物，利用它逃生。

● 跳水后，尽量离船远一些，以免船沉时被吸入水下。

风向

船只失事跳水时，应迎风跳；船只左右倾斜应从船首或船尾跳下

六、被倒塌重物压住怎么办?

● 被埋压人员要消除恐惧心理,坚定自己的求生意志,设法自己离开险境。

● 被埋压人员不能自我脱险时,不要大声疾呼,要保持头脑清醒,可用砖石敲击物体,或听到外面有人时再呼救,尽量减少体力消耗,等待救援。

● 努力清除压在身体腹部以上的物体,设法用毛巾、衣服等捂住口、鼻,防止因吸入烟尘而引起窒息。

● 设法支撑可能坠落的重物,确保获取安全的生存空间。有条件的,争取向有光线和空气流通的方向移动,寻找食品、水或代用品,创造生存条件。

被重物压住时,用毛巾、衣服等捂住口、鼻

七、被洪水包围怎么办？

● 保持冷静，就近迅速向山坡、高地、楼房、避洪台等地转移，或爬上屋顶、楼房高层、大树等高处暂避。

● 充分利用救生器材逃生，或者迅速找一些门板、桌椅、木床、大块的泡沫塑料等能漂浮的材料扎成筏逃生。

● 设法尽快发出求救信号，报告自己的方位和险情，积极寻求救援。

● 发现高压线铁塔倾斜或者电线断头下垂时，一定要迅速远避，防止触电。

● 山洪暴发时，快速向两侧高处躲避，不要沿着洪水行洪方向跑动，千万不要轻易涉水过河。

切勿靠近断的电线，应迅速远离

八、有人溺水怎么办？

● 不熟悉水性者，落水后千万不要慌张，不要将手上举或拼命挣扎，这会使身体下沉更快。应镇静自救，屏住呼吸，然后放松肢体，尽可能地保持仰位，使头部后仰口向上方，使口鼻部露出水面，用嘴吸气、鼻呼气，以防呛水，力争保持身体平衡。

● 会游泳者，也应保持镇静，将自己身体抱成一团，浮上水面，设法消除肌肉痉挛（抽筋），慢慢游向岸边。

★小腿抽筋

深吸一口气，把头潜入水中，使背部浮上水面，两手抓住脚尖，用力向自身方向拉，同时双腿用力抻。一次不行的话，可反复几次。

★大腿抽筋

仰浮水面，使抽筋的腿屈曲，然后用双手抱住小腿用力，使其贴在大腿上，同时加以震颤动作。

★上臂抽筋

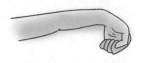

握拳，并尽量屈肘关节，然后用力伸直，反复数次。

★手指抽筋

可将手用力握成拳头，然后再用力张开，快速连做几次，直到恢复。

抽筋自救

● 施救人员救助应注意以下几点：

（1）第一目击者在发现溺水者后立即拨打 110 及 120 或附近医院急诊电话请求医疗急救。

（2）岸上救助可利用竹竿、绳子、木棒等工具救人。

（3）下水救人者，首先看自己情况和水域情况，具有一定的把握才可实施。救护者要防止溺水者抱住自己，一般应该从背后接近溺水者，两手推住溺水者的髋部，迅速将其拖上岸。如被抱住，不要相互拖拉，应放手自沉，使溺水者手松开，再进行救护。

（4）溺水者抬出水面后，应立即清除其口、鼻腔内的水、泥及污物，用纱布（手帕）裹着手指将伤员舌头拉出口外，解开衣扣、领口，以保持呼吸道通畅。然后抱起伤员的腰腹部，使其背朝上、头下垂进行倒水。或者抱起伤员双腿，将其腹部放在急救者肩上，快步奔跑使积水倒出。或急救者取半跪位，将伤员的腹部放在急救者腿上，使其头部下垂，并用手平压背部进行倒水。

呼吸停止者应立即进行人工呼吸，一般以口对口吹气为最佳。急救者位于伤员一侧，托起伤员下颌，捏住伤员鼻孔，深吸一口气后，往伤员嘴里缓缓吹气，待其胸廓稍有抬起时，放松其鼻孔，并用一手压其胸部以助呼气。反复并有节律地（每分钟吹 16 ~ 20 次）进行，直至恢复呼吸为止。

心跳停止者应先进行胸外心脏按压。让伤员仰卧，背部垫一块硬板，头低稍后仰，急救者位于伤员一侧，面对伤员，右手掌平放在其胸骨下段，左手放在右手背上，借急救者身体重量缓缓用力，不能用力太猛，以防骨折，将胸骨压下4厘米左右，然后松手腕（手不离开胸骨）使胸骨复原，反复有节律地（每分钟60～80次）进行，直到心跳恢复为止。

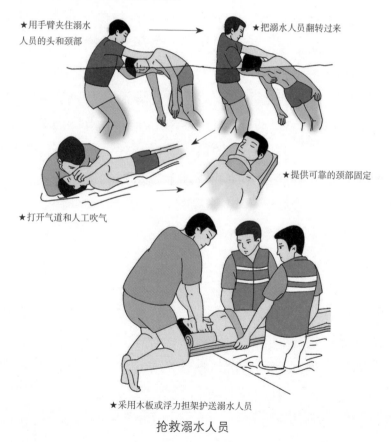

★用手臂夹住溺水人员的头和颈部

★把溺水人员翻转过来

★打开气道和人工吹气

★提供可靠的颈部固定

★采用木板或浮力担架护送溺水人员

抢救溺水人员

九、受外伤怎么办？

● 遇到外伤时，要保持镇静，视伤情轻重程度，发出呼救信号。

● 轻伤者，可用干净的毛巾、手帕或衣服，对伤口或出血部位进行包扎或压迫。

● 重伤者，不轻易改变体位，应暂停进食，等待医务人员救援，要注意以下几点：

（1）怀疑四肢骨折时，暂不要移动肢体，可用树枝、木条暂时固定肢体。

（2）怀疑脊柱损伤的，不要翻身或起坐，应平卧在原地。

（3）怀疑颈椎损伤时，头部不要乱动。

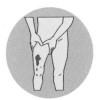   

★下肢出血时，在腹股沟找到血管跳动处，用两个拇指用力下压，同时将伤肢弯曲，使腿部肌肉放松。

★伤口用绷带、三角巾等紧紧包扎，力度把握应不仅包扎后止血有效，而且远心端动脉还在搏动。

★上肢大动脉出血应结扎在上臂的1/3处，避免结扎在中1/3处以下的部位，以免损伤桡神经，下肢大动脉出血应结扎在大腿中部

外伤包扎注意事项

十、大水来袭被困车里怎么办？

● 假如车辆进水熄火，切勿重启发动机。尝试打开车门，设法将车推到安全地带（地势高、有遮蔽、无树木、电线等相对安全的区域）躲避、等待救援。

● 城市中需防范下水道井盖被洪水冲走造成的危险。

发动机进水熄火后，推至高处

● 假如车辆突然入水，且水已没过车轮以上，采用常规途径无法打开车门的情况下，应及时选择破窗逃生。破窗应注意以下几点：

（1）破窗突破点。选择贴有太阳膜的侧窗进行突破，侧车窗的四个角落区域相对中间更为脆弱。

（2）破窗工具。可采用汽车安全锤、拖车钩、羊角铁锤、汽车座椅头枕。使用汽车座椅头枕时，应将其钢杆旋转塞入车门与车窗的缝隙处，利用杠杆原理撬碎玻璃。

（3）成功砸开车窗后，打开车门或车窗逃离。

车辆落水打不开车门时，需用救生锤敲击车侧窗四角，击碎玻璃逃生

第四节 卫生防疫

灾害后易发生各种传染病（伤寒、痢疾、霍乱、病毒性肝炎、疟疾、乙脑、流行性出血热等）、急性胃肠炎、食物中毒等。要采取以下预防措施。

一、注意饮水卫生

● 喝开水，不喝生水，更不饮用灾后井水。
● 不使用未经消毒的污水漱口，洗瓜果、碗筷等。
● 饮用水受污染时，要用明矾、漂白粉等消毒处理。

注意饮水安全，不饮用灾后井水

二、注意饮食卫生

不吃腐败变质食物，不吃苍蝇叮爬过的食物，不吃未洗净的瓜果等，不贪吃生冷食品。

注意饮食安全

三、注意环境卫生

● 及时进行环境卫生防疫，清除淤泥、垃圾。

● 管好厕所，防止厕所粪便溢出。

● 搞好个人卫生，不随地大小便。关注健康，出现腹泻、发热等症状一定及时请医生诊治。

及时防疫，注意环境卫生

附　录　1

台风防御三字经

（摘自中国气象网）

台风来，风雨强。收预警，要及时。
防降雨，避大风。船回港，人撤离。
低洼处，勿停留。易灾区，速转移。
避险物，向高走。忌远行，早归家。
检煤气，断电源。收作物，清阳台。
储食物，屯净水。关门窗，不出门。
遇灾时，勿惊慌。如被困，一一零。
台风过，别着急。听预报，再出行。
讲卫生，防疫病。懂防御，保安全。

附 录 2

降雨等级标准

（气象部门降水等级划分）

降雨等级标准表

降雨等级	现象描述	降雨量范围（毫米）	
		24 小时内总量	12 小时内总量
小雨	雨点清晰可见，没漂浮现象；下地不四溅；洼地积水很慢；屋上雨声微弱，屋檐只有滴水	< 10	< 5
中雨	雨落如线，雨滴不易分辨；落硬地四溅；洼地积水较快；屋顶有沙沙雨声	10 ~ 25	5 ~ 15
大雨	雨降如倾盆，模糊成片；洼地积水极快；屋顶有哗哗雨声	25 ~ 50	15 ~ 30
暴雨		50 ~ 100	30 ~ 70
大暴雨		100 ~ 250	70 ~ 140
特大暴雨		> 250	> 140